FORSCHUNGSBERICHTE DES LANDES NORDRHEIN-WESTFALEN

Nr. 1811

Herausgegeben

im Auftrage des Ministerpräsidenten Heinz Kühn

von Staatssekretär Professor Dr. h. c. Dr. E. h. Leo Brandt

DK 1) 662.766.61
    2) 547.314.2

Dr. phil. habil. Paul Hölemann

Ing. Rolf Hasselmann

Forschungsstelle für Azetylen, Dortmund-Aplerbeck

I. Teil

Untersuchungen über die Gleichgewichtsdrucke in gefüllten Azetylenflaschen

II. Teil

Untersuchungen über die Bildung von Azetylenhydrat

WESTDEUTSCHER VERLAG · KÖLN UND OPLADEN 1967

ISBN 978-3-663-03927-3   ISBN 978-3-663-05116-9 (eBook)
DOI 10.1007/978-3-663-05116-9

Verlags-Nr. 011811

Gesamtherstellung: Westdeutscher Verlag

I. Teil

Inhalt

Untersuchung über die Gleichgewichtsdrucke in gefüllten Azetylenflaschen

1. Einleitung

Der Druck in Azetylenflaschen ist von einer Reihe von Faktoren abhängig. Da das Azetylen in den Flaschen in Form einer Lösung in Azeton vorliegt, ist in erster Linie die Konzentration C dieser Lösung, d. h. das Verhältnis von Azetylen zu Azeton, für die Druckeinstellung verantwortlich. Als zweiter wesentlicher Faktor kommt die Temperatur in Frage, da sie die Löslichkeit stark beeinflußt. Über die Abhängigkeit der Löslichkeit des Azetylens in Azeton von Druck und Temperatur liegen eine Reihe von Untersuchungen vor [1, 2, 3], die unter Verwendung reiner Ausgangsstoffe ausgeführt wurden.

In der Praxis sind noch weitere Faktoren in Betracht zu ziehen. Das in der Technik verwendete Azeton kann gewisse Verunreinigungen enthalten, die sich im allgemeinen ungünstig auf die Löslichkeit auswirken [1]. Eine solche stellt insbesondere Wasser dar. Dabei ist vor allem zu berücksichtigen, daß bei sehr langem Gebrauch der Flaschen derartige Verunreinigungen angereichert werden. Weiter ist bekannt, daß sich das Azeton unter bestimmten Bedingungen im Laufe der Zeit umwandeln kann, wobei die erste und wichtigste Reaktion die Umwandlung zu Diacetonalkohol bildet [4]. Die so entstehenden Produkte beeinträchtigen ebenfalls die Löslichkeit des Azetylens im Azeton und damit die jeweilige Druckeinstellung.

Schließlich wird der Druck in einer Flasche noch dadurch merklich beeinflußt, daß die Dissousgasflaschen vollständig mit einer porösen Masse gefüllt sind. Die Massen saugen die Lösung infolge der Kapillarwirkung auf und sorgen so für eine möglichst gleichmäßige Verteilung in der Flasche. Auf der anderen Seite findet durch ihre Anwesenheit aber auch eine Behinderung der Diffusions- und Ausgleichsvorgänge statt. Das macht sich zunächst besonders im Temperaturausgleich bemerkbar.

Aber auch der Ausgleich der Konzentration im Innern der Flasche wird sowohl beim Füllen als auch bei der Gasentnahme durch die poröse Masse merklich verzögert. Ganz besonders gilt das für das Einwandern von Azetylen in die z. T. sehr feinen Kapillaren, die mehr oder weniger vollständig mit Azeton gefüllt sind. Es ist unter Umständen dann sogar damit zu rechnen, daß ein gewisser Anteil an Azeton gar nicht oder nur beschränkt am Lösungsvorgang beteiligt ist und dadurch der Druck in einer Flasche dann einer Lösung höherer Konzentration entspricht als sie sich rechnungsmäßig aus den Gewichten des eingefüllten Azetons und Azetylens ergibt.

Die jeweilige Auswirkung der einzelnen Faktoren läßt sich durch Vergleiche der Druckmessungen an Flaschen mit den aus Löslichkeitsmessungen zu errechnenden

Werten ermitteln. Dabei ergibt ein Vergleich an frisch mit Azeton versehenen Flaschen die Möglichkeit, unmittelbar den Einfluß des zuletzt genannten Faktors zu erkennen. Ein Vergleich des Verhaltens von Flaschen verschiedenen Alters und unterschiedlicher Vorbehandlung läßt weiterhin den Einfluß der Kapillarität und der Verunreinigungen beobachten.

Aus sicherheitstechnischen Gründen sind bei Azetylenflaschen gewisse Höchstgrenzen für die Füllungen an Gas sowie für den Druck und gewisse Mindestgrenzen für den Azetoninhalt vor einer Neufüllung mit Azetylen festgelegt. Sie betragen für eine Flasche mit 40 Liter 6,3 kg Azetylen und 10,5 kg Azeton. Außerdem darf der Druck bei 15°C 18 atü nicht übersteigen. Zur Beurteilung des zulässigen Druckes bei anderen Temperaturen wurde eine Tabelle für die Abhängigkeit dieses Maximaldruckes von der Temperatur im Bereich von 0°C bis 40°C aufgestellt [5].

Es war von Interesse, an einer Flasche, die schon längere Zeit im Gebrauch war und die gerade den Grenzbedingungen bezüglich der Füllung und des Druckes bei 15°C entsprach, eine Temperaturdruckkurve aufzunehmen und diese mit den in der Druckgasverordnung angegebenen Werten zu vergleichen.

Außerdem wurden zur Klärung der oben angeschnittenen Fragen an verschiedenartigen Flaschen analoge Messungen ausgeführt. Dabei wurde besonderer Wert darauf gelegt, die Messungen auf den Temperaturbereich von — 25°C bis 0°C auszudehnen, da für diesen Bereich bisher noch keinerlei genauere Unterlagen vorhanden sind. Ergänzend dazu wurden an einer Flasche Meßreihen über das Druckgleichgewicht bei verschiedenen Füllungen an Azeton und Azetylen gefahren.

2. Bericht

2.1 Experimentelles

Zur Bestimmung des Gleichgewichtsdruckes in Azetylenflaschen wurde die Druckeinstellung im Temperaturbereich von — 26°C bis 42°C gemessen. Zur Verwendung gelangten 6 Flaschen mit 40 Liter Inhalt, welche normal mit verschiedenen Massen gefüllt und azetoniert waren. In der folgenden Tab. 1 ist das Alter sowie die Vorbehandlung der Flaschen zusammengestellt.

Die Flaschen I–V waren mit 10,5 kg Azeton und 6,3 kg Azetylen gefüllt. Dagegen wurden bei der Flasche VI die Azeton- und Azetylenmenge für die verschiedenen Versuchsreihen variiert. Die Azetylenkonzentration in dieser Flasche lag zwischen 0,494 und 0,673 kg Azetylen/kg Azeton.

Die Druckmessung in den Flaschen erfolgte durch Anschluß eines geeichten Feinmeßmanometers bis 25 atü bzw. bei höheren Temperaturen bis 40 atü. Die Genauigkeit der Druckablesung am Manometer betrug ± 0,1 at.

Die Temperierung der Flaschen fand in einem Klimaschrank statt, welcher die Konstanthaltung der Temperaturen mit einer Genauigkeit von ± 0,5°C erlaubte.

Tab. 1 Vorbehandlung der für die Versuche eingesetzten Flaschen

Flasche Nr.	1. Füllung der Flasche	Vorbehandlung
I	11. 12. 1951	altes Azeton abgetrieben Flasche vollkommen neu azetoniert
II	1. 11. 1948	Flasche vollkommen neu azetoniert
III	1. 11. 1961	altes Azeton in der Flasche belassen nachazetoniert
IV	1. 6. 1963	frisch azetoniert
V	1. 5. 1963	frisch azetoniert
VI	1. 2. 1951	frisch azetoniert

Die Versuche wurden nur an stehenden Flaschen durchgeführt. Die Temperatur der Flaschen wurde zusätzlich an der Außenwand mit Hilfe eines Kupferbügels gemessen, in welchem ein Normalthermometer eingeführt werden konnte. Die Genauigkeit der Temperaturablesung betrug ebenfalls $\pm$ 0,5°C.
Die Messung erfolgte in der Weise, daß die Flaschen in den Klimaschrank gestellt und dort mindestens 12 Stunden vor der ersten Ablesung temperiert wurden. Nach der ersten Ablesung wurde in Zeiträumen von 6 zu 6 Stunden erneut abgelesen und an Hand der Druckkonstanz festgestellt, daß die Temperatur auch innerhalb der Flasche konstant war.

2.2 Ergebnisse der Messungen

In der Tab. 2 sind die abgelesenen Druckwerte bei den verschiedenen Temperatureinstellungen für die Flaschen I–V zusammengestellt. Da die Temperatureinstellungen für die einzelnen Meßpunkte nicht unmittelbar vergleichbar sind, wurden die Flaschendrucke in Abhängigkeit von der Temperatur in der Abb. 1 aufgetragen.
Man erhält, wie die Abb. 1 zeigt, Druckkurven, die für die verschiedenen Flaschen gleichartig verlaufen, die jedoch je nach Flaschenalter, Art der Masse und Vorbehandlung der Flasche deutliche Unterschiede im Absolutwert aufweisen. So zeigt z. B. eine seit 13 Jahren im Betrieb befindliche Flasche, welche ausgeheizt und mit neuem Azeton gefüllt war, den niedrigsten Druckwert. Im Gegensatz dazu wurde bei einer Flasche mit einer Masse geringerer Porosität ein um ca. 1 at höherer Druck festgestellt.
Trägt man die Drucke in logarithmischem Maßstab über der reziproken absoluten Temperatur auf, so erhält man Geraden, die sich in der Form

$$\log P' = A - B/T \tag{1}$$

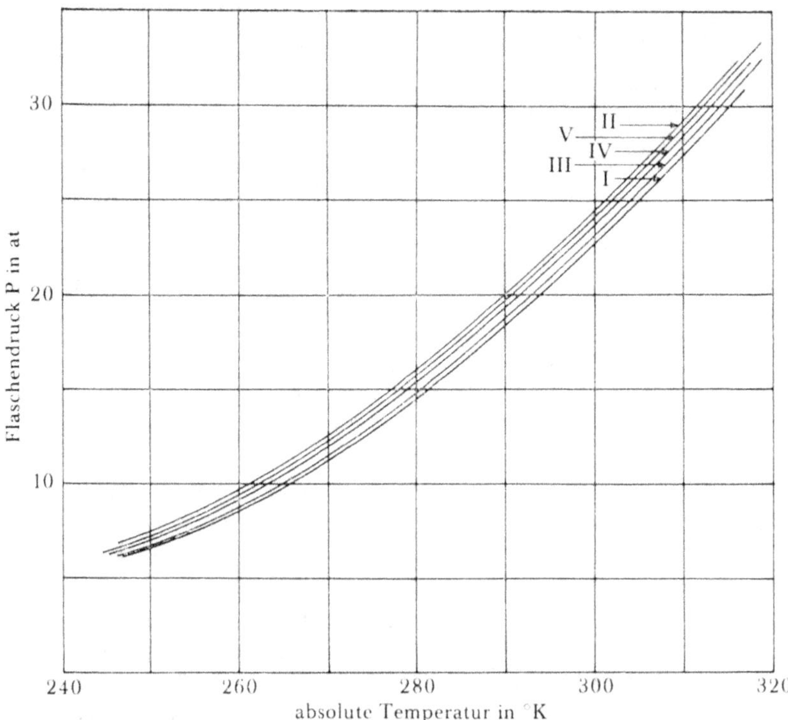

Abb. 1 Darstellung der gemessenen Gleichgewichtsdrucke an Dissousgasflaschen I–V
mit 10,5 kg Azeton- und 6,3 kg C_2H_2-Füllung in Abhängigkeit von der absoluten Temperatur

darstellen lassen. In den Abb. 2 und 3 sind die Meßergebnisse in Form dieser
Geraden wiedergegeben. Dabei sind in Abb. 2 die Versuche mit konstanten
Azetylen- (6,3 kg) und Azetonfüllmengen (10,5 kg) aufgetragen, während in
Abb. 3 die Versuche mit variablen Azetonierungen bzw. Konzentrationen an
Flasche VI aufgetragen sind.

In Abb. 2 ist ferner die Idealkurve eingezeichnet, die sich ergibt, wenn man die
Löslichkeit von Azetylen in technischem Azeton zugrunde legt und dabei zur
Berechnung des im Gasraum befindlichen Azetylens eine 75%ige Porosität der
porösen Masse in der Flasche annimmt.

Die berechnete Kurve ergibt einen merklich niedrigeren Azetylendruck in der
Flasche, im wesentlichen bedingt durch Inhomogenität der Azetylenverteilung in
der Flasche infolge der Behinderung der Azetylenaufnahme im Azeton durch die
Flaschenmasse.

Die Konstanten A und B der Gl. (1), die sich aus den Geraden der Abb. 2 und 3
ergeben, sind in der Tab. 3 zusammengestellt. Die Gleichungen sind gültig für
einen Temperaturbereich von — 26°C bis + 42°C und die angegebenen Azetonmengen bzw. Azetylenkonzentrationen in den Flaschen. In der Tab. 3 sind auch
die Konstanten für die berechnete Idealkurve angegeben.

Tab. 2 *Gemessene und nach Gl. (1) berechnete Druckwerte in Abhängigkeit von der Temperatur bei* 10,5 kg *Azeton- und* 6,3 kg C_2H_2-*Füllung*

Temperatur (°C)	Druck (at)	
	gemessen	berechnet
Flasche I		
— 23,0	6,6	6,5
— 16,0	8,0	8,0
— 10,0	9,4	9,4
— 3,0	11,2	11,3
10,0	15,5	15,4
26,1	21,9	21,7
41,5	29,6	29,5
Flasche II		
— 24,2	7,3	7,2
— 17,0	8,6	8,6
— 10,5	10,2	10,4
— 3,0	12,5	12,5
9,0	16,6	16,6
26,0	23,6	23,6
41,8	31,6	31,5
Flasche III		
— 25,6	6,3	6,2
— 17,0	8,0	8,0
— 8,5	10,0	10,0
— 2,0	12,0	11,9
10,3	16,2	15,9
26,0	22,7	22,4
41,7	30,3	30,3
Flasche IV		
— 25,0	6,7	6,5
— 18,0	8,0	8,0
— 11,0	9,6	9,7
— 3,0	12,0	12,0
9,2	16,2	16,0
25,4	22,9	22,8
40,0	30,6	30,2
Flasche V		
— 26,0	6,7	6,7
— 18,5	8,2	8,2
— 10,0	10,2	10,3
— 3,0	12,2	12,3
10,3	16,9	16,6
25,4	23,0	22,9
40,0	30,3	30,2

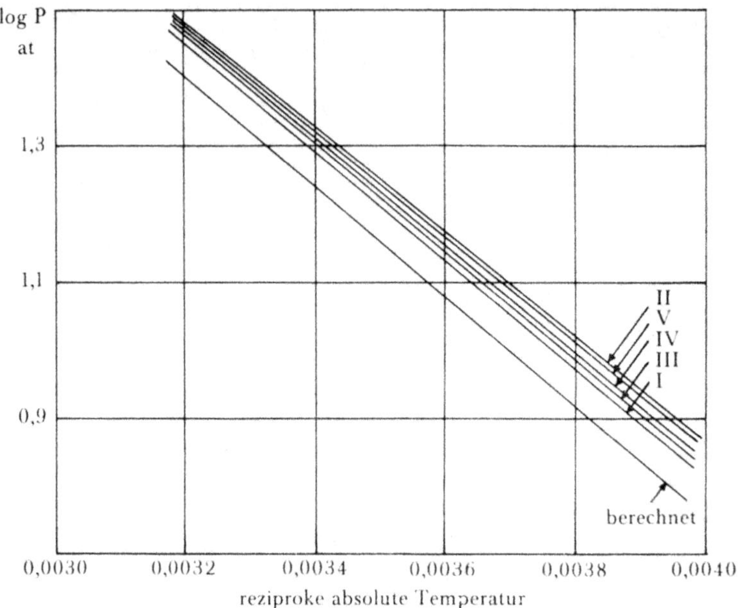

Abb. 2 Gemessene Gleichgewichtsdrucke an Flasche I–V
mit 10,5 kg Azeton- und 6,3 kg C_2H_2-Füllung

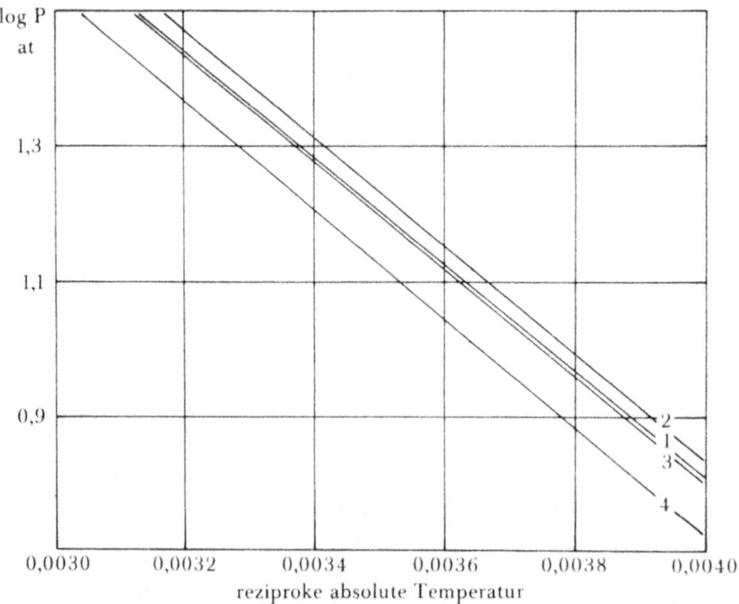

Abb. 3 Gemessene Drucke an Flasche VI mit verschiedener Azetonmenge und C_2H_2-
Konzentration in Abhängigkeit von der Temperatur

14

Tab. 3 Zusammenstellung der Konstanten A und B nach Gl. (1)

Flasche Nr.	Füllung Nr.	Azetonmenge (kg)	C_2H_2-Konzentration (kg C_2H_2/kg Azeton)	$A \cdot 10^3$	B
I		10,5	0,600	3994	795
II		10,5	0,600	3928	765
III		10,5	0,600	4010	796
IV		10,5	0,600	3972	781
V		10,5	0,600	3946	772
VI	1	7,52	0,673	3887	765
	2	8,97	0,686	3981	784
	3	10,47	0,606	3996	800
	4	12,02	0,494	3876	784
berechnet		10,5	0,600	3983	806

Die mit Hilfe dieser Konstanten berechneten P-Werte sind für die Flaschen I–V mit den experimentellen Werten in Tab. 2 verglichen. Die maximal auftretenden Abweichungen betragen 0,4 at und liegen innerhalb der Fehlergrenzen der Messungen bzw. Rechnungen. Die Werte für die Konstanten A und B weisen nur verhältnismäßig geringe Unterschiede auf. Diese betragen für die Versuche mit gleicher Füllung an Azeton und Azetylen bei A maximal 1,6% und für B 4,5%. Bei Einbeziehung der Versuche mit anderen Füllmengen wird die maximale Differenz für A 3% während sie bei B nicht beeinflußt wird.
Die Neigung der Geraden in Abb. 2 und 3 ist demnach für die verschiedenen Serien nicht exakt die gleiche. Das bedeutet, daß sowohl die Porosität der unterschiedlichen Massen als auch die möglichen Verunreinigungen des Flascheninhaltes sich in etwas verschiedener Weise auf den Temperaturgang auswirken. Da der Faktor B mit der Lösungswärme des Azetylens im Azeton in Zusammenhang steht, müßte demnach auch die Lösungswärme in entsprechender Weise beeinflußt werden. Die Abstufung von B geht praktisch parallel der Abstufung im absoluten Druck, und zwar in dem Sinne, daß mit zunehmendem Druck bei gleicher Temperatur und gleicher Konzentration der Wert von B und damit auch die »letzte Lösungswärme« abnimmt.
Die Zunahme des Druckes kann zum mindesten teilweise darauf zurückzuführen sein, daß ein Teil des Azetons in den Kapillaren der Masse nicht oder nur beschränkt am Lösungsvorgang beteiligt ist. Dadurch muß die mittlere Konzentration des Azetylens in dem an der Lösung teilnehmenden Azeton gegenüber der berechneten Konzentration ansteigen. Dadurch erhöht sich auf der einen Seite der Druck, während die Lösungswärme abnimmt. Das würde auch weiter erklären, daß für die ideale Kurve sowohl ein wesentlich geringerer Druck als auch der höchste B-Wert gefunden wird.
Für die Meßreihen mit gleicher Azetonfüllung (10,5 kg) und Konzentration (0,6 kg C_2H_2/kg Azeton) nimmt der Wert von A gleichmäßig mit dem von B zu. Nur der Wert von A für die ideale Flasche liegt demgegenüber vergleichsweise

Tab. 4 Zusammenstellung der an Flasche VI mit verschiedener Azeton- und Azetylenmenge gemessenen und nach Gl. (1) und (2) berechneten Gleichgewichtsdrucke

Temperatur (°C)	Gleichgewichtsdrucke (at)		
	gemessen	berechnet nach Gl. (1)	berechnet nach Gl. (2)
Füllung 1: 7,52 kg Azeton, 5,06 kg C_2H_2			
— 25	6,4	6,2	6,4
— 10	9,3	9,3	9,5
5	13,4	13,5	13,7
15	16,9	17,0	17,1
25	20,1	20,0	20,0
40	27,9	28,0	27,9
Füllung 2: 8,97 kg Azeton, 6,15 kg C_2H_2			
— 25	6,7	6,6	6,6
— 10	10,0	10,0	10,0
5	14,5	14,4	14,5
15	18,2	18,1	18,2
25	21,7	21,3	21,5
40	30,1	29,8	30,1
Füllung 3: 10,47 kg Azeton, 6,34 kg C_2H_2			
— 25	6,2	6,1	6,0
— 10	9,1	9,2	9,1
5	13,3	13,4	13,3
15	16,7	16,8	16,3
25	20,1	19,9	19,8
40	27,7	27,9	27,8
Füllung 4: 12,02 kg Azeton, 5,94 kg C_2H_2			
— 25	5,3	5,2	5,2
— 10	7,9	7,9	7,9
5	11,4	11,4	11,4
15	14,3	14,3	14,3
25	17,6	16,9	17,7
40	23,7	23,7	23,7

niedrig. Erwartungsgemäß fallen natürlich auch die A-Werte für die Serien an Flasche VI mit anderen Azetonmengen heraus.

Wird für B ein mittlerer Wert von 784,5 eingeführt, so lassen sich alle Meßdaten an der Flasche VI in Form der Gl. (2) darstellen, wobei m die Azetonmenge (kg), c die Azetylenkonzentration (kg C_2H_2/kg Azeton) und P den Druck (at) bedeuten.

$$\log P = 3{,}8923 - \frac{784{,}5}{T} - 0{,}03275 \cdot m - (0{,}0755 - 0{,}0702 \cdot m) \cdot c \qquad (2)$$

Der Gültigkeitsbereich dieser Gleichung beträgt für die Azetonmenge 7,5–12 kg bei Azetylenkonzentrationen von 0,4 bis 0,7 kg C_2H_2/kg Azeton und Temperaturen von $-26°C$ bis $+42°C$.

In der Tab. 4 sind die verschiedenen Versuchsserien an der Flasche VI zusammengestellt. Dabei sind für die einzelnen Azetonkonzentrationen bei den verschiedenen Temperaturen die gemessenen Drucke den nach den Gl. (1) und (2) berechneten gegenübergestellt. Die Ergebnisse zeigen, daß die Unterschiede zwischen den gemessenen und den berechneten Werten im Mittel 0,1 at betragen.

In der Abb. 4 sind die an den Flaschen I–VI gemessenen Gleichgewichtsdrucke mit den in der Druckgasverordnung angegebenen Werten verglichen. Dabei stimmt die obere Grenzkurve (Flasche II) bei 15°C mit dem in der Verordnung angeführten Wert von 18 atü überein. Dagegen zeigt aber die in der Verordnung angegebene Kurve einen merklich flacheren Verlauf, so daß ihre Werte für hohe Temperaturen zum Teil nicht unbeträchtlich unter den in dieser Arbeit gemessenen liegen.

Da in beiden Fällen Flaschen mit der zugelassenen Mindestfüllung an Azeton (10,5 kg) sowie der Höchstfüllung an Azetylen (6,3 kg) bezogen auf 40 Liter Inhalt verwendet wurden, ist der Unterschied nur entweder durch ein anderes Verhalten der Masse oder durch andere Verunreinigungen im Azeton zu erklären.

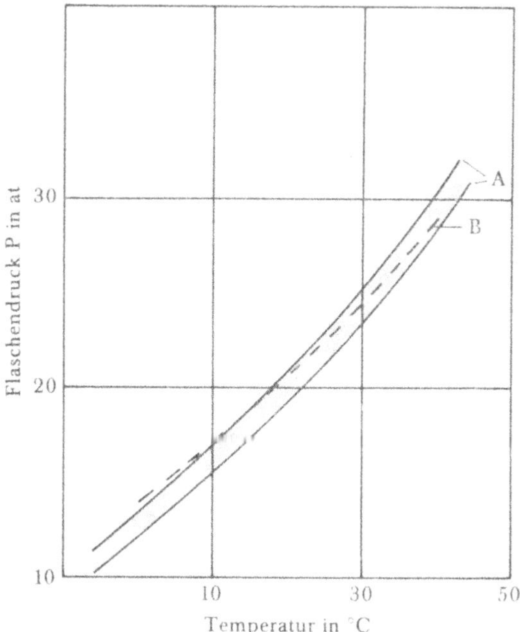

Abb. 4 Vergleich der gemessenen Gleichgewichtsdrucke mit den in der Druckgasverordnung angegebenen Werten
A = Druckbereich der beobachteten Werte
B = Werte der Druckgasverordnung

Im Falle der Flasche II ergab sich der Grenzwert von 18 atü bei 15°C durch die normalerweise auftretende Alterung im Laufe des langjährigen Gebrauches. Im Falle der Flasche, die zu den Messungen für die Kurve in der Druckgasverordnung verwendet wurde, ist wahrscheinlich eine künstliche Alterung durch Hinzufügen einer Verunreinigung zum Azeton herbeigeführt worden. Außerdem ist nicht bekannt, ob für diese Versuche auch eine Flasche mit 40 Liter Inhalt oder eine kleinere Flasche benutzt worden ist. Beides kann zu dem andersartigen Verlauf der Kurven beitragen.

3. Zusammenfassung

Es wurden die Gleichgewichtsdrucke P in verschiedenen Azetylenflaschen mit 40 Liter Inhalt bei gleicher Füllungsmenge an Azeton (10,5 kg) und Azetylen (6,3 kg) sowie an einer Flasche mit verschiedenen Füllmengen im Temperaturbereich von — 26°C bis 40°C gemessen.
In allen Fällen ließ sich log P als lineare Funktion der reziproken absoluten Temperatur darstellen. Bei gleichen Füllmengen ergeben sich Unterschiede in den Konstanten der Gleichung infolge der verschiedenen porösen Massen und der unterschiedlichen Vorgeschichte der Flaschen.
Verschiedene Füllmengen an Azeton und Azetylen wirken sich in erster Linie auf das von der Temperatur unabhängige Glied aus. Für die Meßwerte ließ sich wieder eine verhältnismäßig einfache Gleichung aufstellen.
Ein Vergleich der erhaltenen Werte der *Serie an den verschiedenen Flaschen* mit einer in der Druckgasverordnung angegebenen Kurve ergibt im Bereich von 0°C bis 40°C eine merklich geringere Temperaturabhängigkeit der letzteren.

Literaturverzeichnis

[1] Forschungsbericht Nr. 14 des Landes Nordrhein-Westfalen, Köln–Opladen 1952.
[2] HÖLEMANN. P., und R. HASSELMANN, Chem. Ing. Techn. Bd. 25, 1953, S. 466.
[3] Forschungsbericht Nr. 78 des Landes Nordrhein-Westfalen, Köln–Opladen 1954.
[4] HÖLEMANN, P., Forschungsbericht Nr. 1151 des Landes Nordrhein-Westfalen, Köln–Opladen 1963.
[5] Druckgasverordnung, Ausgabe 1956, 1. Ergänzung, 1957, S. 13.

II. Teil

Inhalt

Untersuchung über die Bildung von Azetylenhydrat

1. Einleitung

Azetylen vermag bekanntlich wie eine ganze Reihe anderer Gase mit Wasser unter höherem Druck und bei genügend niedriger Temperatur ein festes Gashydrat zu bilden (siehe z. B. [1.2]). Diese Hydrate sind nur in festem Zustand beständig. Es hat beim Azetylen eine Zusammensetzung, die der Formel $C_2H_2 \cdot 5{,}75\ H_2O$ entspricht. Die Bildung kommt nach den Röntgenaufnahmen von STACKELBERG und Mitarbeitern [2] und CLAUSEN [3] dadurch zustande, daß das Azetylen infolge seiner Molekulargröße die Fähigkeit besitzt, sich in Hohlräume eines kubischen Eisgitters einzulagern.

Aus den Messungen von VILLARD [1] und verschiedener anderer Autoren ergibt sich das in Abb. 1 dargestellte Phasendiagramm für das Nebeneinanderbestehen der verschiedenen möglichen Aggregatzustände der Komponenten C_2H_2 ud H_2O neben dem Hydrat. Mit der Existenz von Hydrat ist demnach nur unter den Druck-Temperaturverhältnissen der Bereiche A und B zu rechnen. In den Bereichen A bis E können normalerweise jeweils zwei Substanzen in zwei Zuständen, längst der eingezeichneten Kurven a bis f in drei Zuständen, vorliegen.

Besonders bemerkenswert ist der Schnittpunkt I und die von ihm ausgehende Kurve c. Sie stellt die obere Temperaturgrenze dar, bis zu der Hydrat überhaupt beständig ist. Sie ist nur gestrichelt eingetragen, da ihr genauer Verlauf von den Dichten des Hydrats und der Komponenten abhängig ist. Die erstere ist aber bisher nicht exakt bekannt.

Bei der Bildung von Hydrat aus flüssigem Wasser und gasförmigem Azetylen ergibt sich eine Bildungswärme von ca. 15 Kal/Mol, wie sich aus der Zersetzungskurve e unter Heranziehung der Gleichung von CLAUSIUS-CLAPEYRON ableiten läßt. Wegen der Abweichungen, besonders des Azetylens bei hohen Drucken vom idealen Gasgesetz [4], der merklichen Löslichkeit des Azetylens in Wasser [5] sowie wegen des Eigendampfdruckes des Wassers müssen für eine genauere Berechnung der Zersetzungswärme entsprechende Korrekturen angebracht werden [6]. Diese Korrekturen sind auch im wesentlichen dafür verantwortlich, daß die $\log p - 1/T$-Kurve keine exakte Gerade darstellt.

Aus der Bildungswärme des Hydrates aus Azetylen und Wasser sowie aus der Schmelzwärme des Eises wird andererseits für die Bildung des Hydrates aus Azetylen und Eis ein Energiebetrag von 6,8 Kal/Mol gefunden. Dabei ist allerdings zu berücksichtigen, daß trotz der positiven Bildungswärme noch keine Aussagen darüber gemacht werden können, ob eine Bildung aus Eis und Gas überhaupt erfolgt, da dafür außer der Wärmetönung noch kinetische Fragen, wie der

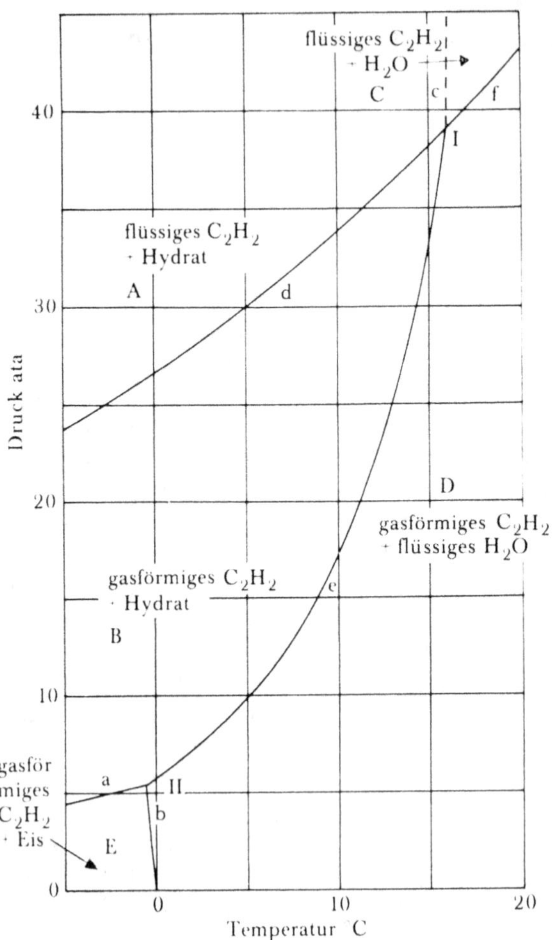

Abb. 1   Phasendiagramm des Systems C_2H_2–H_2O

Aufbau des entsprechenden Eisgitters aus normalem Eis und das Eindiffundieren des Azetylens in die dabei gebildeten Hohlräume eine Rolle spielen.

Im technischen Betrieb besteht vor allem dann die Möglichkeit der Bildung von Hydrat, wenn feuchtes Azetylen unter erhöhtem Druck zu stark abgekühlt wird. Ein solcher Fall kann z. B. an Azetylenkompressoren vor allem an den Kühlern der höheren Druckstufen auftreten. Außerdem besteht diese Gefahr auch bei längeren Leitungen, die z. T. im Freien verlaufen und daher der Kälte ausgesetzt sind, falls durch diese Leitungen nicht genügend stark getrocknetes Gas strömt.

Besonders ungünstig wirkt sich die Abscheidung von festem Hydrat an eventuellen Verengungen, z. B. Ventilen oder Sicherheitspatronen mit Sintermetall oder Sandfüllung aus, da sie dort zu Verstopfungen führt. Dabei kann es beim Auftauen solcher Leitungsteile, wenn sie vor dem Auftauen im Laufe des Be-

24

triebes abgeschlossen wurden, infolge der Entbindung von Azetylen zu nicht vorhersehbaren Drucksteigerungen kommen. Derartige Fälle von Verstopfungen sowie von anomalen Drucksteigerungen beim Erwärmen von Apparateteilen sind schon im Betrieb beobachtet worden.

2. Bericht

2.1 Experimentelles

Zur Klärung der Frage, inwieweit sich Azetylenhydrat aus den beiden Komponenten unter bestimmten Versuchsbedingungen bildet, wurden drei verschiedene Versuchsreihen durchgeführt.

In der ersten Versuchsreihe wurde in einem starkwandigen Gefäß aus Glas bzw. aus Stahl eine bestimmte Menge Wasser in flüssiger oder fester Form eingegeben und nach entsprechender Kühlung das Azetylen gasförmig oder flüssig zugesetzt. Die Gaszugabe sowie die Druckmessung erfolgte über Regelventile mit Hilfe eines Feinmeßmanometers.

Das Reaktionsgefäß war in einem Solekühlbad beweglich über einen Verbindungsschlauch aufgehängt und wurde mit Hilfe eines Exzenters mit einer Zugfeder geschüttelt. Die Schüttelvorrichtung ermöglichte ein intensives Durchmischen des Wassers mit dem gasförmigen Azetylen während der Abkühlung. Dadurch wurde die Bildung einer Hydratkruste an der Wasseroberfläche verhindert. Eine Reihe von Versuchen ohne Schütteln ergab, daß diese Kruste darunter befindliches Wasser abdeckte und so die weitere Reaktion mit Azetylen sehr stark behinderte. Das Solekühlbad konnte mit Hilfe einer Kleinkältemaschine bis auf $-20°C$ gebracht werden.

Die Druckeinstellung am Manometer war mit einem Fehler von $\pm 2\%$ behaftet, während die Temperatur im Solebad auf $\pm 1°C$ konstant gehalten werden konnte. Das verwendete Azetylen wurde durch vorheriges Ausfrieren mit flüssigem Stickstoff und durch mehrmaliges Abpumpen der verbleibenden gasförmigen Verunreinigungen, in der Hauptsache N_2, O_2 und H_2, gereinigt. Es enthielt nach der Reinigung weniger als 0,05% an Fremdgasen.

Bei der zweiten und dritten Versuchsreihe wurde die Hydratbildung an strömendem, feuchtem Azetylen unter erhöhtem Druck beobachtet. Die Versuchsanordnung ist schematisch in Abb. 2 dargestellt. Das Gas wurde einer azetonfreien, mit poröser Masse gefüllten Flasche Fl entnommen und bei einem um ca. 2 at über dem Versuchsdruck liegenden Druck in der im Wasserbad W befindlichen Waschflasche S bei 20°C mit Feuchtigkeit beladen.

Der Versuchsdruck wurde an dem Ventil V_2 eingestellt. Das Gas wurde dann durch das im Kühlgefäß K eingebaute Rohr R geleitet. Am Ende des gekühlten Rohres befand sich das Ventil V_4, an dem das Gas auf Normaldruck entspannt wurde. Das durchgegebene Gas wurde mit Hilfe der Gasuhr G gemessen.

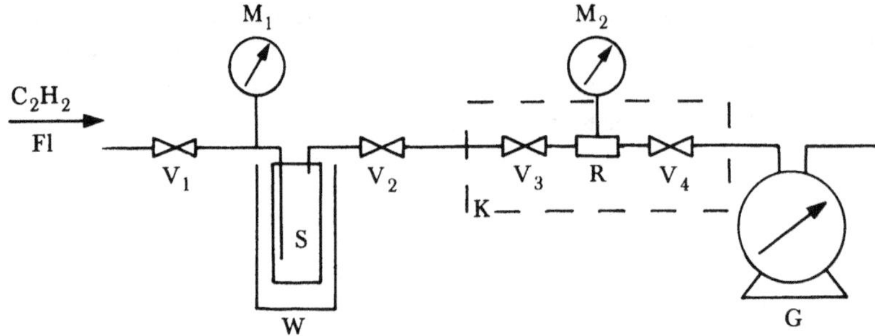

Abb. 2   Schema der Versuchsanordnung zur Beobachtung der Hydratbildung in strömendem Azetylen
Fl = Azetylenflasche, W = Wasserbad, S = Waschflasche, K = Kühlgefäß, R = Versuchsrohr, G = Gasuhr, V_{1-4} = Ventile, $M_{1,2}$ = Manometer

Bei der dritten Versuchsreihe wurde zwischen den Ventilen V_3 und V_4 zusätzlich eine Sandpatrone (20 mm $\varnothing$ 1 und 55 mm lang) eingesetzt. Der Versuchsdruck wurde an dem Manometer M_2 abgelesen.

Nach Beendigung des Versuches wurden V_3 und V_4 geschlossen und nach Herausnahme der Versuchsapparatur aus dem Kühlgefäß wurde die insgesamt im System zwischen V_3 und V_4 befindliche Azetylenmenge unter gleichzeitiger Messung der dort abgeschiedenen Wassermenge beobachtet. Aus dem Versuchsdruck, der Versuchstemperatur und dem Gasvolumen ergab sich die gasförmig vorhandene Azetylenmenge. Nach Abzug von der Gesamtgasmenge wurde so die als Hydrat gebildete Azetylenmenge gefunden.

2.2 Ergebnisse der Versuche

2.2.1 Hydratbildung in ruhendem Gas

Die Bildung von Azetylen-Hydrat aus gasförmigem Azetylen und Wasser erfolgte in der ersten Versuchsreihe im Glasgefäß bei einer Temperatur von 2°C merklich erst bei einem Azetylen-Ausgangsdruck von 8,8 Atm. Wurde die Temperatur auf 4,5°C erhöht, so war ein Ausgangsdruck von 15 Atm erforderlich, um eine deutliche Hydratbildung einzuleiten. Dabei wurde die Abscheidung des Hydrates nicht davon beeinflußt, ob Sandkörner als Kristallisationskeime im Gefäß anwesend waren oder nicht. Diese zur Einleitung der Hydratbildung erforderlichen Drucke lagen deutlich über den in Abb. 1 dargestellten Gleichgewichtsdrucken. Die erforderliche Drucküberschreitung nimmt mit steigender Temperatur erheblich zu.
Nach erfolgter Hydratbildung stellten sich in den Gefäßen die in der Tab. 1 angegebenen Gleichgewichtsdrucke über dem Hydrat ein. Im Mittel stimmen diese Drucke mit den ebenfalls in der Tab. 1 angeführten VILLARDschen Werten [1] überein.

Bei den Versuchen wurde zu der in die Gefäße eingeführten Wassermenge die nach der von Stackelberg und Müller angegebene Formel für das Hydrat [(C_2H_2) · 5,75 H_2O] äquivalente Gasmenge zugegeben. Da ein Teil des zugegebenen Gases im Gasraum verblieb, wurde das eingeführte Wasser nur zu etwa 85% zu Hydrat umgesetzt. Das Hydrat stellte dabei eine schwach gelblich-grau gefärbte Masse dar, die aus feinen aneinander kristallisierten Nadeln bestand.

Auch im Metallgefäß war zur Einleitung der Bildung des Hydrates ein merklich höherer Druck erforderlich, als es den Gleichgewichtsdrucken des Hydrates entsprach. Nach erfolgtem Umsatz stellte sich aber auch hier wieder der in der Tab. 1 angegebene Gleichgewichtsdruck ein.

Tab. 1   Gleichgewichtsdrucke des Azetylenhydrates

T (°C)	Zersetzungsdruck (Atm)	
	gemessen	nach Villard
1	6,0	6,4
2	7,5	7,0
2,5	8,0	7,5
4,5	10,0	9,4

Sowohl im Metall- als auch im Glasgefäß blieb die Hydratbildung bei einzelnen Versuchen trotz Einhaltung der vorher gefundenen Druck- und Temperaturbedingungen aus. Eine eingehendere Untersuchung des Glasgefäßes ergab, daß in diesen Fällen die Wandung des Gefäßes mit einer dünnen Fett- bzw. Ölschicht überzogen war. Nach Entfernen dieser Schicht setzte die Hydratbildung wieder wie gewöhnlich ein. Eine derartige Schicht behindert demnach offensichtlich die Bildung der erforderlichen Kristallkeime an der Gefäßwand.

Bei einer weiteren Versuchsserie wurde die Bildung von Hydrat in Gegenwart von Eiskristallen und flüssigem Azetylen untersucht. Dazu wurde in das unterkühlte Stahlgefäß bei — 40°C die vorgesehene Wassermenge in Form von kleingestampften Eiskristallen eingefüllt. Darauf wurde eine definierte Azetylenmenge bei einem Druck von 13 Atm zugegeben, wobei sich das Azetylen im Gefäß in flüssiger Form kondensierte. Das Gefäß wurde im Solebad langsam auf 2,5°C erwärmt.

In der Übergangsperiode waren vor Erreichung dieser Temperatur im Gefäß zeitweise Eiskristalle und flüssiges Wasser neben dem im Überschuß befindlichen Azetylen vorhanden. Die neben Wasser anwesenden Eiskristalle wirkten offensichtlich als Kristallisationskeime für die Hydratbildung, die unter diesen Bedingungen aus dem flüssigen bzw. gasförmigen Azetylen und dem Wasser besonders leicht erfolgte. Ein weiterer Grund für die Begünstigung der Hydratbildung unter diesen Versuchsbedingungen kann einerseits in der niedrigen Temperatur (ca. 0°C) während der Übergangsperiode sowie in dem hohen Druck des gleichzeitig anwesenden flüssigen Azetylens liegen. Nach Abblasen des Azetylenüberschusses ergab sich auch hier ein Gleichgewichtsdruck entsprechend der Tab. 1. Die Analyse zeigte, daß sich etwa 84% des vorgelegten Wassers zu Hydrat umgesetzt hatte.

2.2.2 Hydratbildung aus feuchtem strömendem Gas

Die Hydratbildung aus feuchtem strömendem Azetylen bei entsprechend niedriger Temperatur ergab sich bei der zweiten und dritten Versuchsreihe gemäß der in Tab. 2 angeführten Werte. Dabei sind neben dem Versuchsdruck und der Temperatur die als Hydrat gefundenen Mengen an Azetylen sowie das abgeschiedene Wasser angegeben. Außerdem sind in der Tabelle die Spülzeiten sowie die bei der Spülung durchgegebenen Azetylenmengen eingetragen. Aus den letzteren und den durchgesetzten Gasmengen ergibt sich eine Verweilzeit des Gases in dem gekühlten Raum unter Berücksichtigung des Druckes von wenigen Sekunden.

Aus dem als Hydrat vorliegenden Azetylen und dem abgeschiedenen Wasser wurde das Verhältnis von H_2O/C_2H_2 in Mol/Mol berechnet. Wie die Zahlen zeigen, liegt dieses Verhältnis im Mittel bei 5,75. Es entspricht also der von STACKELBERG angegebenen Formel. Die verhältnismäßig große Streuung der Zahlenwerte ist vor allem auf die größere Fehlerquelle bei der Ermittlung des als Hydrat vorliegenden Azetylens zurückzuführen, das sich als Differenz zweier verhältnismäßig großer Zahlenwerte ergab. Dieses Ergebnis zeigt, daß praktisch das gesamte abgeschiedene Wasser in Hydrat übergeführt wird.

Abgesehen von der letzten Versuchsgruppe (s. Tab. 2) mit der Sandpatrone bei einem Druck von 12 atü, bei der zusätzlich Wasser in flüssiger Form in die Sandpatrone eingeführt wurde, liegen die als Hydrat abgeschiedenen Wassermengen durchweg niedriger, als es der Differenz der Sättigungsdrucke des ein- bzw. austretenden Gases entspricht. Das beruht bis zu einem gewissen Grad darauf, daß in der Waschflasche S (s. Abb. 2) keine vollständige Sättigung erzielt wurde.

Dazu kommt, wie die Ergebnisse zeigen, daß auch die Abscheidung des Wassers als Hydrat offensichtlich nicht vollständig gemäß dem H_2O-Partialdruck erfolgt. Die Wasserkondensation war um so unvollständiger, je größer die Versuchsdauer war, da die Differenz zwischen der aus den Gleichgewichtsdrucken zu errechnenden Kondensation und der tatsächlich gefundenen Wassermenge mit der Versuchszeit merklich zunimmt. Dementsprechend steigt die mit dem Gas abgeführte Feuchtigkeitsmenge stärker als proportional mit der Versuchsdauer an.

Dieser Effekt deutet darauf hin, daß nach Bildung einer gewissen Hydratschicht auf der Metall- bzw. Sandoberfläche die weitere Abscheidung eine gewisse Behinderung erfährt. Das kann sowohl durch rein kinetische Faktoren als auch möglicherweise durch eine Erniedrigung des Wärmeüberganges verursacht sein.

Eine Erhöhung des Versuchsdruckes wirkt sich in dem untersuchten Bereich nicht merklich auf diese Erscheinung aus. Sie ist sowohl im leeren Versuchsrohr als auch bei Sandfüllung zu beobachten. Im letzteren Fall ist die Hydratbildung deutlich gegenüber dem leeren Rohr verstärkt. Das ist sicher auf die sehr starke Vergrößerung der Oberfläche zurückzuführen, an der es zur Hydratabscheidung kommen kann.

28

Tab. 2   Hydratbildung bei feuchtem strömendem Azetylen

Druck (atü)	Temperatur (°C)	Versuchs- zeit (min)	Spülgas- menge (l)	Hydrat C_2H_2 (ml)	Abgeschie- denes H_2O (mMol)	H_2O/C_2H_2 (Mol/Mol)
Versuche mit gekühltem Rohr						
8,0	2,0	120	186	27	7,0	6,15
8,2	1,8	130	216	30	7,5	5,90
8,1	1,9	240	403	42	9,8	5,50
12,2	2,0	120	194	32	7,6	5,61
12,2	2,0	240	354	58	13,7	5,55
12,2	2,0	420	724	84	18,2	5,12
Versuche mit zwischengeschalteter Sandpatrone						
8,0	2,0	120	174	37	9,0	5,73
8,0	2,0	240	385	53	12,3	5,48
10,0	2,0	120	195	74	18,4	5,84
8,0	5,0	120	174	18	4,17	5,49
10,0	5,0	120	193	24	6,0	5,72
12,0	5,0	120	187	39	10,0	6,05
12,0	1,6	120	194	146	34,8	5,63
12,0	1,8	120	187	142	35,9	5,98
12,0	2,0	240	395	208	52,2	5,93

Eine Erhöhung der Versuchstemperatur von 2 °C auf nur 5 °C bewirkt unter sonst vergleichbaren Bedingungen eine sichtliche Erniedrigung der Hydratabscheidung, d. h., um eine Hydratbildung in gleicher Stärke wie bei 2 °C zu erhalten, muß der Druck wesentlich erhöht werden, und zwar stärker, als es der Gleichgewichtskurve in Abb. 2 entspricht. Das steht in Analogie zu den Ergebnissen über die Hydratbildung bei ruhendem Gas.

Daß bei der an letzter Stelle in der Tab. 2 angeführten Versuchsgruppe das Molverhältnis von Wasser/Azetylen ebenfalls bei ca. 5,8 liegt, zeigt, daß auch bei Mitführen von flüssigem Wasser mit dem Gasstrom, dieses praktisch vollständig in Hydrat übergeführt wird. In einem derartigen Fall besteht natürlich in erhöhtem Maß die Gefahr einer Verstopfung der Sandpatrone durch Abscheidung des festen Hydrates.

3. Zusammenfassung

Die Abscheidung von Azetylenhydrat aus flüssigem Wasser und ruhendem gasförmigem Azetylen erfordert zur Einleitung des Vorganges eine merkbare Überschreitung des Azetylendruckes gegenüber dem Gleichgewichtsdruck des sich bildenden Hydrates. Diese erforderliche Überschreitung ist um so größer, je höher die Temperatur liegt.

Eine intensive Hydratbildung erfolgt nur, wenn das Azetylen mit dem Wasser durch Schütteln gemischt wird, da sich sonst nur auf der Oberfläche des Wassers eine Hydratschicht absetzt, die eine weitere Hydratbildung wesentlich behindert.

Die Hydratbildung wird außerdem merklich behindert, wenn die Wandung des Gefäßes durch einen Fett- oder Ölfilm bedeckt ist. Zufügen von Sandkörnern scheint keine begünstigende Wirkung auszuüben.

Außer durch Erniedrigung der Temperatur sowie durch Druckerhöhung wird die Hydratbildung merkbar durch die Anwesenheit von Eiskristallen begünstigt.

In strömendem, feuchtem Azetylen scheidet sich das Wasser bei entsprechender Abkühlung bzw. Überschreitung des Gleichgewichtsdruckes praktisch nur in Form von Hydrat ab. Normalerweise ist allerdings die Abscheidung geringer als es den Wasserdampf-Partialdrucken des ein- bzw. des ausgebrachten Gases entspricht. Diese unvollständige Abscheidung ist zum Teil durch Behinderungen des Wärmeüberganges bedingt. Die relative Feuchtigkeit des strömenden Gases nimmt mit steigender Versuchsdauer daher merklich zu.

Die Abscheidung ist um so größer, je größer die zur Verfügung stehende Oberfläche in dem gekühlten Raum ist. Sie ist daher in einer mit Sand gefüllten Patrone besonders stark.

Wird mit dem Azetylen nicht nur dampfförmiges Wasser sondern auch Wasser in flüssiger Form in den gekühlten Raum eingeführt, so setzt sich auch letzteres praktisch vollständig in Hydrat um, wenn der Gleichgewichtsdruck überschritten ist.

Beim Arbeiten mit feuchtem Gas sollten demnach die Drucke bei den jeweiligen Raumtemperaturen die Gleichgewichtsdrucke des Hydrates nicht übersteigen, um mit Sicherheit eine eventuelle Verstopfung durch Hydratabscheidung zu vermeiden. Bei Arbeiten unter etwa 5°C sollte der Druck nicht mehr als etwa 10 at betragen. Da die Einleitung der Hydratbildung ein gewisses Überschreiten des Gleichgewichtsdruckes erfordert, führt eine geringe kurzfristige Drucküberschreitung nicht unbedingt zur Abscheidung von Hydrat.

Literaturverzeichnis

[1] VILLARD, P., Ann. chim. phys. Ser. 7, Bd. 11, 1897, S. 360.

[2] v. STACKELBERG, M., und H. R. MÜLLER, Z. f. Elektrochem. Bd. 58, 1954, S. 25.

[3] CLAUSSEN, W. F., J. chem. Phys. Bd. 19, 1951, S. 1425.

[4] Forschungsbericht des Wirtschafts- und Verkehrsministeriums Nordrhein-Westfalen, Nr. 78, Köln–Opladen 1954.

[5] HÖLEMANN, P., R. HASSELMANN und I. STROOTMANN, Forschungsbericht des Wirtschafts- und Verkehrsministeriums Nordrhein-Westfalen, Nr. 569, Köln–Opladen 1958.

[6] v. STACKELBERG, M., Naturwissenschaften, Bd. 36, 1949, S. 359.

FORSCHUNGSBERICHTE
DES LANDES NORDRHEIN-WESTFALEN

Herausgegeben im Auftrage des Ministerpräsidenten Heinz Kühn
von Staatssekretär Professor Dr. h. c. Dr. E. h. Leo Brandt

ACETYLEN · SCHWEISSTECHNIK

HEFT 14
Forschungsstelle für Acetylen, Dortmund
Untersuchungen über Aceton als Lösungsmittel
für Acetylen
1952. 57 Seiten, 10 Abb., 26 Tabellen. DM 12,25

HEFT 38
Forschungsstelle für Acetylen, Dortmund
Untersuchungen über die Trocknung von Acetylen
zur Herstellung von Dissousgas
1953. 28 Seiten, 11 Abb., 3 Tabellen. Vergriffen

HEFT 52
Forschungsstelle für Acetylen, Dortmund
Untersuchungen über den Umsatz bei der explosiblen Zersetzung von Acetylen
a) Zersetzung von gasförmigem Acetylen
b) Zersetzung von an Silikagel absorbiertem
Acetylen
1953. 37 Seiten, 8 Abb., 10 Tabellen. Vergriffen

HEFT 78
Forschungsstelle für Acetylen, Dortmund
Über die Zustandsgleichung des gasförmigen
Acetylens und das Gleichgewicht Acetylen—Aceton
1954. 29 Seiten, 3 Abb., 8 Tabellen. DM 8,—

HEFT 102
*Dr. phil. habil. Paul Hölemann, Ing. Rolf Hasselmann
und Ing. Grete Dix, Dortmund*
Untersuchungen über die thermische Zündung von
explosiblen Acetylenzersetzungen in Kapillaren
1954. 30 Seiten, 5 Abb., 4 Tabellen. DM 8,60

HEFT 104
Prof. Dr. Walter Weizel, Bonn
Über den Einfluß der Elektroden auf die Eigenschaf-
ten von Cadmium-Sulfid-Widerstands-Photozellen
1954. 34 Seiten, 12 Abb. DM 9,45

HEFT 109
*Dr. phil. habil. Paul Hölemann und
Ing. Rolf Hasselmann, Dortmund*
Untersuchungen über die Löslichkeit von Acetylen
in verschiedenen organischen Lösungsmitteln
1954. 27 Seiten, 10 Abb., 8 Tabellen. Vergriffen

HEFT 110
*Dr. phil. habil. Paul Hölemann und
Ing. Rolf Hasselmann, Dortmund*
Untersuchungen über den Druckverlauf bei der
explosiblen Zersetzung von gasförmigem Acetylen
1955. 40 Seiten, 10 Abb., 5 Tabellen. DM 11,—

HEFT 120
Dipl.-Ing. A. Weisbecker, Lüdenscheid
Über Anfressung an Reinstaluminium-Schweiß-
nähten bei der elektrolytischen Oxydation
Gebr. Hörstermann GmbH, Velbert
Entwicklung und Erprobung eines neuartigen
Gummibandförderers
1955. 32 Seiten, 18 Abb. DM 9,70

HEFT 138
*Dr. phil. habil. Paul Hölemann und
Ing. Rolf Hasselmann, Dortmund*
Untersuchungen über die Zersetzungswärme von
gasförmigem und in Aceton gelöstem Acetylen
1955. 37 Seiten, 8 Abb., 7 Tabellen. DM 10,40

HEFT 170
*Prof. Dr. phil. Franz Wever, Dr. phil. Adolf Rose und
Dipl.-Ing. L. Rademacher, Max-Planck-Institut für
Eisenforschung, Düsseldorf*
Anwendung der Umwandlungsschaubilder auf
Fragen der Werkstoffauswahl beim Schweißen und
Flammhärten
1955. 51 Seiten, 25 Abb. DM 13,70

HEFT 206
*Dr. phil. habil. Paul Hölemann, Ing. Rolf Hasselmann
und Ing. Grete Dix, Forschungsstelle für Acetylen,
Dortmund und Düsseldorf*
Untersuchungen über die Vorgänge bei der Zersetzung von in Aceton gelöstem Acetylen
1955. 60 Seiten, 7 Abb., 8 Tabellen. DM 15,55

HEFT 274
*Prof. Dr.-Ing. habil. Karl Krekeler und
Dipl.-Ing. Hans Verhoeven, Aachen*
Qualitative Untersuchungen bei Verbindungs-
schweißungen mittels Lichtbogenschweißautoma-
ten unter Verwendung von Blankdraht und Zugabe
von ferromagnetischem Pulver als Umhüllung
1956. 55 Seiten, 40 Abb., 8 Tabellen. DM 15,45

HEFT 275
Prof. Dr.-Ing. habil. Karl Krekeler und
Dipl.-Ing. Hans Verhoeven, Aachen
Qualitative Untersuchungen von Punktschweiß-
verbindungen an Tiefzieh- und Aluminiumblechen,
die nach dem Argonarc-Punktschweißverfahren
hergestellt werden
1956. 52 Seiten, 45 Abb. DM 14,60

HEFT 305
Prof. Dr.-Ing. habil. Karl Krekeler,
Dr.-Ing. Heinz Peukert, Aachen und
Dipl.-Ing. Werner Schmitz, Siegburg
Heißgas-Schweißung von Hart-Polyvinylchlorid
mit Zusatzwerkstoff
1956. 44 Seiten, 27 Abb., 5 Tabellen. DM 12,50

HEFT 328
Dr. phil. Hans Maeder, Duisburg
Schweißen von Temperguß
1957. 79 Seiten, 59 Abb., 42 Tabellen. DM 25,50

HEFT 355
Prof. Dr.-Ing. habil. Karl Krekeler,
Dr.-Ing. Heinz Peukert und
Dipl.-Ing. August Kleine-Albers, Institut für Kunst-
stoffverarbeitung in Industrie und Handwerk an der
Rhein.-Westf. Technischen Hochschule Aachen
Untersuchungen auf dem Gebiet der Schweißung
von Kunststoffen
Ein Beitrag zur Heißgas-Schweißung von Weich-
Polyvinylchlorid mit Zusatzwerkstoff
1957. 31 Seiten, 19 Abb. DM 11,—

HEFT 382
Dr. phil. habil. Paul Hölemann, Ing. Rolf Hasselmann
und Ing. Grete Dix, Forschungsstelle für Acetylen
Dortmund und Düsseldorf
Die Messung von Flammen und Detonationsge-
schwindigkeiten bei der explosiven Zersetzung von
Acetylen in Rohren
1957. 26 Seiten, 7 Abb., 4 Tabellen. DM 8,10

HEFT 383
Dr. phil. habil. Paul Hölemann und
Ing. Rolf Hasselmann, Forschungsstelle für Acetylen
Dortmund und Düsseldorf
Verlauf von Acetylenexplosionen in Rohren bei
Gegenwart von porösen Massen
1957. 55 Seiten, 7 Abb., 15 Tabellen. DM 16,60

HEFT 438
Prof. Dr.-Ing. Helmut Winterhager und
Dr.-Ing. Leo Werner, Aachen
Bestimmung des elektrischen Leitvermögens ge-
schmolzener Fluoride
1957. 39 Seiten, 18 Abb., 10 Tabellen. DM 11,90

HEFT 464
Dr. phil. habil. Paul Hölemann und
Ing. Rolf Hasselmann, Forschungsstelle für Acetylen,
Dortmund und Düsseldorf
Die Möglichkeit der Zündung von Acetylen in
Rohrleitungen beim Ausblasen mit Stickstoff
1957. 26 Seiten, 6 Abb., 6 Tabellen. DM 9,20

HEFT 526
Dr. phil. habil. Paul Hölemann und
Ing. Rolf Hasselmann, Forschungsstelle für Acetylen,
Dortmund und Düsseldorf
Einfluß der Oberflächenbeschaffenheit der Wan-
dung auf den Ablauf von Acetylenexplosionen
1958. 48 Seiten, 8 Abb., 10 Tabellen. DM 14,50

HEFT 531
Prof. Dr.-Ing. habil. Karl Krekeler,
Dipl.-Ing. Hans Verhoeven und
Dipl.-Ing. Horst Ernenputsch, Aachen
Autogenes Entspannen bei niedrigen Temperaturen
1958. 48 Seiten, 17 Abb. DM 14,80

HEFT 532
Prof. Dr.-Ing. habil. Karl Krekeler,
Dipl.-Ing. Hans Verhoeven und
Dipl.-Ing. Wolfgang Krieweth, Aachen
Schutzgasschweißen mit kontinuierlich abschmel-
zender Elektrode von niedriglegierten Kohlenstoff-
stählen (Sigma-Schweißen)
1958. 49 Seiten, 30 Abb. DM 16,—

HEFT 569
Dr. phil. habil. Paul Hölemann, Ing. Rolf Hasselmann
und Irmgard Strootmann, Dortmund
Acetylenverluste an Naßentwicklern
1958. 26 Seiten, 4 Abb., 9 Tabellen. DM 9,65

HEFT 690
Dr. phil. habil. Paul Hölemann, Ing. Rolf Hasselmann
und Irmgard Strootmann, Forschungsstelle für Acetylen,
Dortmund
Die Zersetzung von gasförmigem Acetylen und
Acetylen-Aceton-Lösungen bei Gegenwart von
porösen Materialien
1959. 58 Seiten, 6 Abb., 10 Tabellen. DM 15,20

HEFT 692
Prof. Dr.-Ing. habil. Karl Krekeler und
Dipl.-Ing. Hans Verhoeven, Institut für schweißtechni-
sche Fertigungsverfahren an der Rhein.-Westf. Technischen
Hochschule Aachen
Untersuchungen zum Schweißen von Titan
Wolfram-Inert-Schweißen
1959. 51 Seiten, 29 Abb. DM 15,20

HEFT 723
Dr. phil. habil. Paul Hölemann und
Ing. Rolf Hasselmann, Forschungsstelle für Acetylen,
Dortmund
Die Abhängigkeit des Volumens gesättigter
Acetylen-Aceton-Lösungen von Temperatur und
Konzentration
1959. 22 Seiten, 5 Abb., 3 Tabellen. DM 6,90

HEFT 739
Dr. phil. habil. Paul Hölemann und
Ing. Rolf Hasselmann, Forschungsstelle für Acetylen,
Dortmund
Die Anreicherung von Phosphor- und Schwefel-
verunreinigungen in Acetylen-Flaschen
1959. 26 Seiten, 5 Abb., 9 Tabellen. DM 7,90

HEFT 765
Dr. phil. habil. Paul Hölemann und
Ing. Rolf Hasselmann, Forschungsstelle für Acetylen,
Dortmund
Die Beeinflussung der Löslichkeit von Acetylen in
Aceton durch Phosphorwasserstoff und Divinyl-
sulfid
1959. 20 Seiten, 7 Abb., 3 Tabellen. DM 6,60

HEFT 791
Dr. phil. habil. Paul Hölemann, Ing. Rolf Hasselmann
und Irmgard Strootmann, Forschungsstelle für Acetylen,
Dortmund
Über den Mechanismus der Acetylendesorption aus
wäßrigen Lösungen
1959. 28 Seiten, 9 Tabellen. DM 8,50

HEFT 792
Dr. phil. habil. Paul Hölemann, Forschungsstelle für
Acetylens Dortmund
Bestimmung des Dampfdruckes und der Ver-
dampfungswärme von flüssigem Acetylen
1959. 19 Seiten. DM 6,70

HEFT 883
Dr. phil. habil. Paul Hölemann, Forschungsstelle für
Acetylen, Dortmund
Über die Zündung von reinem Acetylen durch
Stoßwellen
1960. 37 Seiten, 14 Abb., 11 Tabellen. DM 11,20

HEFT 888
Dr. phil. habil. Paul Hölemann, Forschungsstelle für
Acetylen, Dortmund
Über den Kalkstaubgehalt im Acetylen aus
Naßentwicklern
1960. 21 Seiten, 5 Abb., 3 Tabellen. DM 7,20

HEFT 984
Dr. phil. habil. Paul Hölemann und
Ing. Rolf Hasselmann, Forschungsstelle für Acetylen,
Dortmund
Die Druckabhängigkeit der Zündgrenzen von
Acetylen-Sauerstoffgemischen
1961. 17 Seiten, 5 Abb. DM 6,60

HEFT 1045
Dr. phil. habil. Paul Hölemann, Forschungsstelle für
Acetylen, Dortmund
Untersuchungen über das System Acetylen-Wasser
1961. 35 Seiten, 5 Abb., 8 Tabellen. DM 10,50

HEFT 1099
Dr. phil. habil. Paul Hölemann und
Ing. Rolf Hasselmann, Forschungsstelle für Acetylen,
Dortmund
Über die Reaktion von Acetylen mit den Bestand-
teilen von Trockenreinigungsmassen
1962. 26 Seiten, 6 Abb., 7 Tabellen. DM 11,80

HEFT 1151
Dr. phil. habil. Paul Hölemann, Forschungsstelle für
Acetylen, Dortmund
Über die Umsetzung von Aceton in Diaceton-
alkohol unter dem Einfluß von Calciumhydroxyd
1963. 23 Seiten, 6 Abb., 4 Tabellen. DM 8,—

HEFT 1152
Dr. phil. habil. Paul Hölemann und
Ing. Rolf Hasselmann, Forschungsstelle für Acetylen,
Dortmund
Über den Gehalt an Monovinylacetylen und höhe-
ren Polymeren im Acetylen aus Karbid
1963. 22 Seiten, 8 Abb., 6 Tabellen. DM 9,50

HEFT 1310
Dr. phil. habil. Paul Hölemann,
Bestimmung der kritischen Druckgrenze bei der
Zündung von reinem Acetylen durch Detonationen
in Acetylen-Sauerstoff-Gemischen
Dr. phil. habil. Paul Hölemann und
Ing. Rolf Hasselmann,
Über den Verlauf von Acetylen-Explosionen in
Gefäßen mit größerem Durchmesser
Dr. phil. habil. Paul Hölemann und
Ing. Rolf Hasselmann,
Über die Dichte von flüssigem Acetylen
Forschungsstelle für Acetylen, Dortmund
1964. 61 Seiten, 17 Abb., 6 Tabellen. DM 24,80

HEFT 1573
Dr. phil. habil. Paul Hölemann, Ing. Rolf Hasselmann
und Ing. Christa Clees, Forschungsstelle für Acetylen,
Dortmund
Über den Mechanismus der Zersetzung von Ace-
tylen-Acetondampf-Gemischen
Untersuchungen über die Methoden zur Bestimmung der Gasausbeute von Karbid
1966. 41 Seiten, 3 Abb., 9 Tabellen. DM 16,50

HEFT 1584
Prof. Dr.-Ing. Paul Denzel und Dipl.-Ing. Richard
Laufen, Institut für Elektrische Anlagen und Energie-
wirtschaft der Rhein.-Westf. Technischen Hochschule
Aachen
Vermeidung von Spannungsschwankungen durch
im Takt arbeitende Schweißmaschinen
1965. 55 Seiten, 25 Abb. DM 34,80

HEFT 1602
Prof. Dr.-Ing. Alfred H. Henning †, Prof. Dr.-Ing.
habil. Karl Krekeler †, Dr.-Ing. Wolfgang Krammer und
Dipl.-Ing. Hans Verhoeven, Institut für Schweißtech-
nische Fertigungsverfahren der Rhein.-Westf. Technischen
Hochschule Aachen
Das elektrische Vertikal-CO_2-Schweißen mit
zwangsweiser Schweißnahtbegrenzung
In Vorbereitung

HEFT 1603
Prof. Dr.-Ing. Alfred H. Henning †, Prof. Dr.-Ing.
habil. Karl Krekeler † und Dipl.-Ing. Hans Verhoeven,
Institut für Schweißtechnische Fertigungsverfahren der
Rhein.-Westf. Technischen Hochschule Aachen
Widerstandsschweißversuche an kaltverfestigtem
Stahl
In Vorbereitung

HEFT 1702
*Prof. Dr.-Ing. Alfred H. Henning †, Prof. Dr.-Ing.
habil. Karl Krekeler † und Dipl.-Ing. Hans Wilhelm
Rotthaus, Institut für Schweißtechnische Fertigungsverfahren der Rhein.-Westf. Technischen Hochschule Aachen*
Lichtbogenschweißen mit Wasserdampfschutz
1966. 56 Seiten, 38 Abb., 10 Tabellen. DM 33,80

HEFT 1703
*Prof. Dr.-Ing. Alfred H. Henning †, Prof. Dr.-Ing.
habil. Karl Krekeler † und Dipl.-Ing. Rochus Gronwald,
Institut für Schweißtechnische Fertigungsverfahren der
Rhein.-Westf. Technischen Hochschule Aachen*
Untersuchungen zum Elektro-Schlacke-Schweißen
von Blechen geringer Wanddicke
1966. 51 Seiten, 38 Abb. DM 30,90

HEFT 1811
*Dr. phil. habil. Paul Hölemann und Ing. Rolf Hassel-
mann, Forschungsstelle für Azetylen, Dortmund-Apler-
beck*
Untersuchungen über die Gleichgewichtsdrucke in
gefüllten Azetylenflaschen
Untersuchung über die Bildung von Azetylenhydrat
I. und II. Teil

Verzeichnisse der Forschungsberichte aus folgenden Gebieten können beim Verlag angefordert werden:
Acetylen/Schweißtechnik – Arbeitswissenschaft – Bau/Steine/Erden – Bergbau – Biologie – Chemie – Druck/
Farbe/Papier/Photographie – Eisenverarbeitende Industrie – Elektrotechnik/Optik – Energiewirtschaft – Fahr-
zeugbau/Gasmotoren – Fertigung – Funktechnik/Astronomie – Gaswirtschaft – Holzbearbeitung – Hütten-
wesen/Werkstoffkunde – Kunststoffe – Luftfahrt/Flugwissenschaften – Luftreinhaltung – Maschinenbau –
Mathematik – Medizin/Pharmakologie – NE-Metalle – Physik – Rationalisierung – Schall/Ultraschall – Schiff-
fahrt – Textilforschung – Turbinen – Verkehr – Wirtschaftswissenschaften.

WESTDEUTSCHER VERLAG · KÖLN UND OPLADEN
567 Opladen/Rhld., Ophovener Straße 1-3

GPSR Compliance
The European Union's (EU) General Product Safety Regulation (GPSR) is a set
of rules that requires consumer products to be safe and our obligations to
ensure this.

If you have any concerns about our products, you can contact us on

ProductSafety@springernature.com

In case Publisher is established outside the EU, the EU authorized
representative is:

Springer Nature Customer Service Center GmbH
Europaplatz 3
69115 Heidelberg, Germany